HOW TO PREDICT FUTURE
LOTTERY RESULTS
BOOK 5

FRANCIS ISAAC

authorHOUSE

AuthorHouse™ UK
1663 Liberty Drive
Bloomington, IN 47403 USA
www.authorhouse.co.uk
Phone: UK TFN: 0800 0148641 (Toll Free inside the UK)
UK Local: (02) 0369 56322 (+44 20 3695 6322 from outside the UK)

© 2022 Francis Isaac. All rights reserved.

No part of this book may be reproduced, stored in a retrieval system, or transmitted by any means without the written permission of the author.

Published by AuthorHouse 07/11/2022

ISBN: 978-1-7283-7408-6 (sc)
ISBN: 978-1-7283-7405-5 (e)

Print information available on the last page.

Any people depicted in stock imagery provided by Getty Images are models, and such images are being used for illustrative purposes only.
Certain stock imagery © Getty Images.

This book is printed on acid-free paper.

Because of the dynamic nature of the Internet, any web addresses or links contained in this book may have changed since publication and may no longer be valid. The views expressed in this work are solely those of the author and do not necessarily reflect the views of the publisher, and the publisher hereby disclaims any responsibility for them.

Dedicated to Professor Stephen Hawking,
A Brief History of Time
He was an inspiration to me and his dedication to science during his lifetime has been outstanding.

CONTENTS

About the Author xi
Preface xiii
Introduction xvii
Combination 1 (nine lines) 1
Combination 2 (nine lines) 2
Combination 3 (ten lines) 3
Combination 4 (ten lines) 4
Combination 5 (eleven lines) 5
Combination 6 (eleven lines) 6
Combination 7 (twelve lines) 7
Combination 8 (twelve lines) 8
Combination 9 (thirteen lines) 9
Combination 10 (thirteen lines) 10
Combination 11 (fourteen lines) 11
Combination 12 (fourteen lines) 12
Combination 13 (eleven lines) 13
Combination 14 (fifteen lines) 14
Combination 15 (twelve lines) 15
Combination 16 (fourteen lines) 16

Combination 17 (thirteen lines) 17
Combination 18 (eleven lines) 18
Combination 19 (ten lines) 19
Combination 20 (fifteen lines) 20
Combination 21 (twelve lines) 21
Bonus Combination 1 (fifty-four lines) 22
Bonus Combination 2 (351 lines) 25
Bonus Combinations 3 (forty-four lines) 37
Bonus Combination 4 (thirty-five lines) 40
Bonus Combination 5 (forty-three lines) 42
Bonus Combination 6 (forty-six lines) 45
Bonus Combination 7 (fifty lines) 48
Conclusion 51

The prediction in this book is for educational purposes only. The author and its publisher will not be responsible for any losses incurred should you decide to use the prediction in this book in physical reality.

ABOUT THE AUTHOR

Francis Isaac went to Essex University in Colchester, where he earned a master's degree in chemistry by research. He has taught physics, chemistry, and maths up to A level. He was a teacher at Poole Grammar School before leaving to continue his research into the 6/49 lottery systems. His passion is mainly science and maths, and he also revels in the actual unravelling of complex systems.

The 6/49 is the most complex lottery system ever. Isaac has dedicated nineteen years of his life to studying 6/49 lottery systems around the globe. His passion began when the lottery system was first introduced in the UK, 19 November 1994.

The very first 6/49 lottery system he studied was the German lottery, which has been in operation since 1955. His understanding of this system gave him the idea of writing this series of books.

Isaac hopes that the idea in this book will create more interest in lottery systems around the world, because he believes that the lottery is the most scientifically and mathematically challenging system in the world.

The combinations set out in this book can be used as a guide to selecting your lottery number combinations, which could be played by individuals, families, or groups of people coming together as syndicates.

PREFACE

When I wrote my first book, *How to Predict Future Lottery Results* (published 2013), I was trying to show that certain parts of the lottery system are predictable on a month-by-month basis. For example, if you look at combination J1, which is combination January 1, there are seventeen possible combinations to guarantee a win of two numbers only.

Two numbers will come out and have been coming out from the main six numbers drawn; however, it can be very interesting should you try to make money from the system. On the other hand, you could join the combination with your own set of numbers to make six numbers to increase your chances of winning the big payout. Bear in mind that this may still be quite challenging.

My first book is unique and popular around the world, as it opens up the concept of how we could unravel the complexity of the lottery numbers. This is a novel concept that no other writer has attempted to explore.

In my second and third books, I went on to predict three numbers. In my second book, *How to Predict Future Lottery Results*, book 2, when you look at J1 (January 1), you will see that there are 284 combinations. What this means is that to predict three numbers in January, you have to play 284 combinations—which is a lot of combinations indeed.

In my third book of *How to Predict Future Lottery Results*, the J1 combination increased to 287. The combination could become larger, as set out in Book 4, where I decided to predict only four numbers for January of any year.

My new book gives a far more reduced combination of numbers, making it easier and more affordable to play. But to understand how the system works in this book, you should read the other books, which are all available online from Amazon, Ebay and other online retail store.

In the current book, I have presented several combinations which are affordable to play by most individuals and can be used to set up a syndicate. These combinations should improve your chances of winning big in the 6/49 lottery systems, the 6/59 lottery systems in the UK, and the EuroMillions lottery system, based on getting five numbers out of fifty and two lucky stars.

You will find 21 combinations of five-number predictions. Each combination has a good chance of giving you five numbers or even six numbers, depending on which lottery you prefer to play. For example, if you want to play the 6/59 lottery system, which is one of the lotteries in the UK, go to D6 and put one number between 50 and 59 down as your last number. This will give you a complete six-number combination.

The reason numbers 50 to 59 are better at D6 is that they produce the most combinations in D6 and are most likely to be drawn as the last number. If the lottery in your country is higher than 49 but not 59, for example 60 to 69, use any of the last ten numbers in the lottery (whatever these may be in your country) to make up the sixth number.

INTRODUCTION

My research for this book yields the prediction that at least one five-number combination will come out of each of the 21 combinations. This prediction slightly differs from the researched predictions in the other four books. As always, patience is the key to understanding and matching any combination.

I have arranged each combination so that you can select only those combinations you would like to play. If you can afford to play nine lines, then choose nine lines, as in Combinations One and Two. You only need to select one combination from the book that you can use to play any lottery you are interested in, whether 6/59 or the EuroMillions Lotto.

You can also use this same combination to play 6/49 lottery systems all around the world. You just have to decide which sixth number to choose to complete the number combination. This book will have already given you five numbers from any of these combinations that you may decide to play.

For example, if you want to play the four-number HotPicks, which are very popular in the UK, all you have to do is ignore the first number and play the remaining four numbers. I have found it attractive to play the five-number HotPick in the EuroMillions Lotto in the UK, as it pays out £1,000,000 if your five numbers come out from your chosen combination.

My research indicates that these combinations are powerful and consistent in yielding several three- and four-number wins, while you are waiting for the five number to come out, as they are based on scientific research into combinations that maximise returns. Scientific research into how lottery numbers are arranged in nature shows that these combinations are a 'family'. But patience is necessary for the combinations to appear.

Everything in this book is based on scientific and mathematical research. Each combination in this book can guarantee five numbers coming out over time. These combinations are good for playing the EuroMillions HotPicks, as I suggested above, because that game pays out up to £1,000,000 for five numbers correctly chosen.

In the tables of twenty-one combinations below, I have presented past lotto results as evidence that these families of numbers do come out in time. I encourage you to check these past results against the given combination of numbers in the tables. Seeing how many numbers have come out in the past shows how the researched combinations performed against actual lotto results in the past. This clear evidence should give you confidence that the numbers will come out in time.

The combinations follow.

COMBINATION 1 (NINE LINES)

D1	D2	D3	D4	D5	D6
1	38	39	48	49	
1	33	44	48	49	
1	37	40	48	49	
1	31	46	48	49	
1	30	47	48	49	
1	35	42	48	49	
1	34	43	48	49	
1	32	45	48	49	
1	36	41	48	49	

The following combinations were drawn in the 6/49 UK Lottery on 3 December 2011.

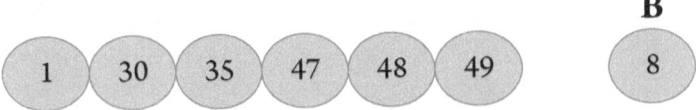

COMBINATION 2 (NINE LINES)

D1	D2	D3	D4	D5	D6
2	35	41	48	49	
2	32	44	48	49	
2	29	47	48	49	
2	31	45	48	49	
2	34	42	48	49	
2	36	40	48	49	
2	37	39	48	49	
2	30	46	48	49	
2	33	43	48	49	

The following combinations were drawn in the 6/49 UK Lottery on 15 March 2008.

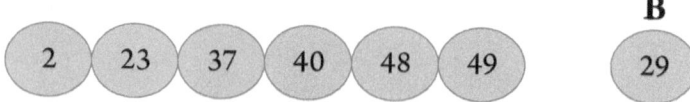

COMBINATION 3 (TEN LINES)

D1	D2	D3	D4	D5	D6
3	35	40	48	49	
3	28	47	48	49	
3	37	38	48	49	
3	33	42	48	49	
3	34	41	48	49	
3	29	46	48	49	
3	36	39	48	49	
3	31	44	48	49	
3	32	43	48	49	
3	30	45	48	49	

The following combinations were drawn in the 6/49 UK Lottery on 5 December 2012.

COMBINATION 4 (TEN LINES)

D1	D2	D3	D4	D5	D6
4	30	44	48	49	
4	32	42	48	49	
4	34	40	48	49	
4	27	47	48	49	
4	36	38	48	49	
4	28	46	48	49	
4	33	41	48	49	
4	31	43	48	49	
4	29	45	48	49	
4	35	39	48	49	

The following combinations were drawn in the 6/49 UK Lottery on 19 December 2012.

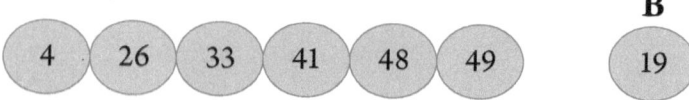

COMBINATION 5 (ELEVEN LINES)

D1	D2	D3	D4	D5	D6
5	29	44	48	49	
5	33	40	48	49	
5	30	43	48	49	
5	27	46	48	49	
5	32	41	48	49	
5	31	42	48	49	
5	26	47	48	49	
5	28	45	48	49	
5	34	39	48	49	
5	35	38	48	49	
5	36	37	48	49	

The following combinations were drawn in the 6/49 UK Lottery on 16 May 2012.

B

5 6 21 41 48 49   37

COMBINATION 6 (ELEVEN LINES)

D1	D2	D3	D4	D5	D6
6	28	44	48	49	
6	31	41	48	49	
6	35	37	48	49	
6	30	42	48	49	
6	27	45	48	49	
6	33	39	48	49	
6	34	38	48	49	
6	32	40	48	49	
6	26	46	48	49	
6	29	43	48	49	
6	25	47	48	49	

The following combinations were drawn in the 6/49 UK Lottery on 2 November 2005.

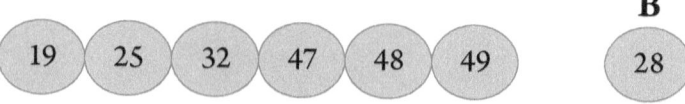

COMBINATION 7 (TWELVE LINES)

D1	D2	D3	D4	D5	D6
7	30	41	48	49	
7	33	38	48	49	
7	28	43	48	49	
7	31	40	48	49	
7	32	39	48	49	
7	29	42	48	49	
7	34	37	48	49	
7	35	36	48	49	
7	27	44	48	49	
7	24	47	48	49	
7	25	46	48	49	
7	26	45	48	49	

The following combinations were drawn in the 6/49 UK Lottery on 22 December 2010.

COMBINATION 8 (TWELVE LINES)

D1	D2	D3	D4	D5	D6
8	29	41	48	49	
8	30	40	48	49	
8	27	43	48	49	
8	31	39	48	49	
8	34	36	48	49	
8	32	38	48	49	
8	28	42	48	49	
8	33	37	48	49	
8	26	44	48	49	
8	25	45	48	49	
8	24	46	48	49	
8	23	47	48	49	

The following combinations were drawn in the 6/49 UK Lottery on 8 September 2010.

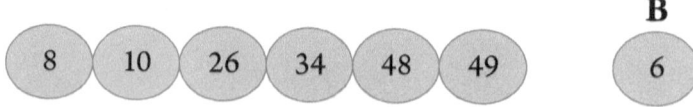

COMBINATION 9 (THIRTEEN LINES)

D1	D2	D3	D4	D5	D6
9	26	43	48	49	
9	27	42	48	49	
9	29	40	48	49	
9	25	44	48	49	
9	22	47	48	49	
9	28	41	48	49	
9	30	39	48	49	
9	23	46	48	49	
9	24	45	48	49	
9	31	38	48	49	
9	33	36	48	49	
9	34	35	48	49	
9	32	37	48	49	

The following combinations were drawn in the 6/49 UK Lottery on 11 June 2003.

B

COMBINATION 10 (THIRTEEN LINES)

D1	D2	D3	D4	D5	D6
10	28	40	48	49	
10	23	45	48	49	
10	25	43	48	49	
10	29	39	48	49	
10	27	41	48	49	
10	24	44	48	49	
10	30	38	48	49	
10	26	42	48	49	
10	22	46	48	49	
10	31	37	48	49	
10	32	36	48	49	
10	33	35	48	49	
10	21	47	48	49	

The following combinations were drawn in the 6/49 UK Lottery on 30 October 2002.

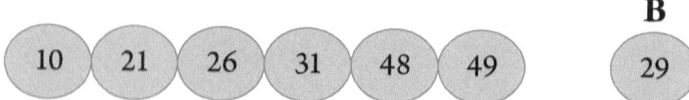

COMBINATION 11 (FOURTEEN LINES)

D1	D2	D3	D4	D5	D6
11	25	42	48	49	
11	31	36	48	49	
11	32	35	48	49	
11	26	41	48	49	
11	27	40	48	49	
11	29	38	48	49	
11	30	37	48	49	
11	28	39	48	49	
11	33	34	48	49	
11	20	47	48	49	
11	24	43	48	49	
11	22	45	48	49	
11	21	46	48	49	
11	23	44	48	49	

The following combinations were drawn in the 6/49 UK Lottery on 24 August 2011.

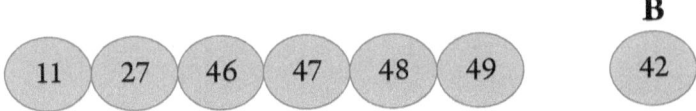

COMBINATION 12 (FOURTEEN LINES)

D1	D2	D3	D4	D5	D6
12	25	41	48	49	
12	24	42	48	49	
12	28	38	48	49	
12	30	36	48	49	
12	27	39	48	49	
12	32	34	48	49	
12	29	37	48	49	
12	31	35	48	49	
12	26	40	48	49	
12	22	44	48	49	
12	19	47	48	49	
12	23	43	48	49	
12	21	45	48	49	
12	20	46	48	49	

The following combinations were drawn in the 6/49 UK Lottery on 1 August 1998.

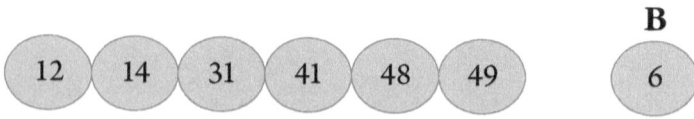

12 14 31 41 48 49   B 6

COMBINATION 13 (ELEVEN LINES)

D1	D2	D3	D4	D5	D6
13	25	40	48	49	
13	21	44	48	49	
13	28	37	48	49	
13	26	39	48	49	
13	24	41	48	49	
13	22	43	48	49	
13	27	38	48	49	
13	23	42	48	49	
13	18	47	48	49	
13	20	45	48	49	
13	19	46	48	49	

The following combinations were drawn in the 6/49 UK Lottery on 3 February 2007.

COMBINATION 14 (FIFTEEN LINES)

D1	D2	D3	D4	D5	D6
14	20	44	48	49	
14	21	43	48	49	
14	23	41	48	49	
14	22	42	48	49	
14	25	39	48	49	
14	24	40	48	49	
14	18	46	48	49	
14	17	47	48	49	
14	19	45	48	49	
14	27	37	48	49	
14	30	34	48	49	
14	31	33	48	49	
14	26	38	48	49	
14	29	35	48	49	
14	28	36	48	49	

The following combinations were drawn in the 6/49 UK Lottery on 1 August 1998.

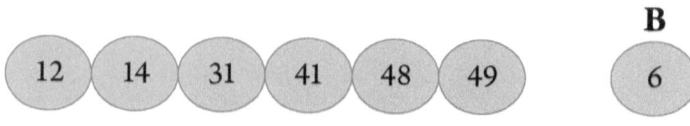

COMBINATION 15 (TWELVE LINES)

D1	D2	D3	D4	D5	D6
15	22	41	48	49	
15	26	37	48	49	
15	27	36	48	49	
15	24	39	48	49	
15	23	40	48	49	
15	25	38	48	49	
15	21	42	48	49	
15	19	44	48	49	
15	18	45	48	49	
15	17	46	48	49	
15	20	43	48	49	
15	16	47	48	49	

The following combinations were drawn in the 6/49 UK Lottery on 15 March 2008.

COMBINATION 16 (FOURTEEN LINES)

D1	D2	D3	D4	D5	D6
16	24	38	48	49	
16	26	36	48	49	
16	29	33	48	49	
16	25	37	48	49	
16	28	34	48	49	
16	27	35	48	49	
16	30	32	48	49	
16	19	43	48	49	
16	22	40	48	49	
16	20	42	48	49	
16	23	39	48	49	
16	21	41	48	49	
16	17	45	48	49	
16	18	44	48	49	

The following combinations were drawn in the 6/49 UK Lottery on 16 May 2012.

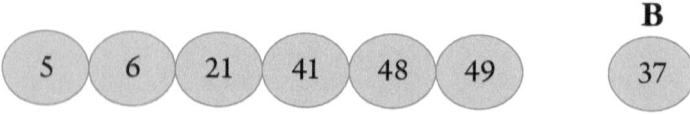

COMBINATION 17 (THIRTEEN LINES)

D1	D2	D3	D4	D5	D6
17	26	35	48	49	
17	24	37	48	49	
17	23	38	48	49	
17	28	33	48	49	
17	25	36	48	49	
17	29	32	48	49	
17	27	34	48	49	
17	30	31	48	49	
17	22	39	48	49	
17	19	42	48	49	
17	18	43	48	49	
17	20	41	48	49	
17	21	40	48	49	

The following combinations were drawn in the 6/49 UK Lottery on 3 February 2007.

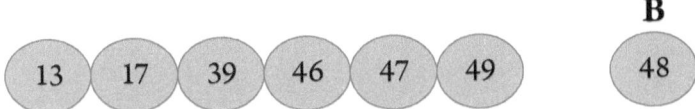

COMBINATION 18 (ELEVEN LINES)

D1	D2	D3	D4	D5	D6
18	28	32	48	49	
18	27	33	48	49	
18	23	37	48	49	
18	26	34	48	49	
18	25	35	48	49	
18	29	31	48	49	
18	24	36	48	49	
18	19	41	48	49	
18	21	39	48	49	
18	20	40	48	49	
18	22	38	48	49	

The following combinations were drawn in the 6/49 UK Lottery on 15 March 2008.

B

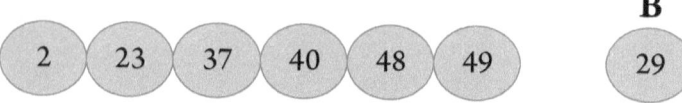

COMBINATION 19 (TEN LINES)

D1	D2	D3	D4	D5	D6
19	26	33	48	49	
19	25	34	48	49	
19	27	32	48	49	
19	29	30	48	49	
19	28	31	48	49	
19	24	35	48	49	
19	20	39	48	49	
19	23	36	48	49	
19	22	37	48	49	
19	21	38	48	49	

The following combinations were drawn in the 6/49 UK Lottery on 2 November 2005.

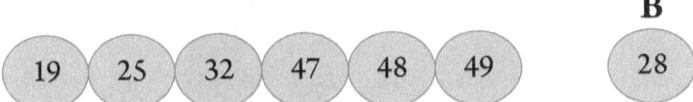

COMBINATION 20 (FIFTEEN LINES)

D1	D2	D3	D4	D5	D6
20	21	37	48	49	
20	24	34	48	49	
20	23	35	48	49	
20	26	32	48	49	
20	25	33	48	49	
20	22	36	48	49	
20	28	30	48	49	
20	27	31	48	49	
21	27	30	48	49	
21	26	31	48	49	
21	25	32	48	49	
21	28	29	48	49	
21	23	34	48	49	
21	24	33	48	49	
21	22	35	48	49	

The following combinations were drawn in the 6/49 UK Lottery on 15 February 2003.

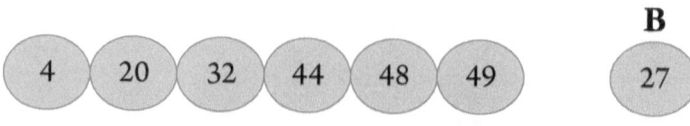

COMBINATION 21 (TWELVE LINES)

D1	D2	D3	D4	D5	D6
22	25	31	48	49	
22	24	32	48	49	
22	27	29	48	49	
22	26	30	48	49	
22	23	33	48	49	
23	27	28	48	49	
23	26	29	48	49	
23	24	31	48	49	
23	25	30	48	49	
24	26	28	48	49	
24	25	29	48	49	
25	26	27	48	49	

The following combinations were drawn in the 6/49 UK Lottery on 24 July 2004.

BONUS COMBINATION 1
(FIFTY-FOUR LINES)

In 6/59 lotteries in the UK and around the world, you will win fifty-one three-number combinations minimum every time each of these combinations comes out. They are:

1, 2, 58

1, 2, 59

1, 3, 58

1, 3, 59

1, 58, 59

2, 3, 58

2, 3, 59

2, 58, 59

3, 58, 59

1, 2, 3

Following are some lucky bonus combinations.

D1	D2	D3	D4	D5	D6
1	2	3	4	58	59
1	2	3	5	58	59
1	2	3	6	58	59
1	2	3	7	58	59
1	2	3	8	58	59
1	2	3	9	58	59
1	2	3	10	58	59
1	2	3	11	58	59
1	2	3	12	58	59
1	2	3	13	58	59
1	2	3	14	58	59
1	2	3	15	58	59
1	2	3	16	58	59
1	2	3	17	58	59
1	2	3	18	58	59
1	2	3	19	58	59
1	2	3	20	58	59
1	2	3	21	58	59
1	2	3	22	58	59
1	2	3	23	58	59
1	2	3	24	58	59
1	2	3	25	58	59
1	2	3	26	58	59
1	2	3	27	58	59
1	2	3	28	58	59
1	2	3	29	58	59
1	2	3	30	58	59
1	2	3	31	58	59

1	2	3	32	58	59
1	2	3	33	58	59
1	2	3	34	58	59
1	2	3	35	58	59
1	2	3	36	58	59
1	2	3	37	58	59
1	2	3	38	58	59
1	2	3	39	58	59
1	2	3	40	58	59
1	2	3	41	58	59
1	2	3	42	58	59
1	2	3	43	58	59
1	2	3	44	58	59
1	2	3	45	58	59
1	2	3	46	58	59
1	2	3	47	58	59
1	2	3	48	58	59
1	2	3	49	58	59
1	2	3	50	58	59
1	2	3	51	58	59
1	2	3	52	58	59
1	2	3	53	58	59
1	2	3	54	58	59
1	2	3	55	58	59
1	2	3	56	58	59
1	2	3	57	58	59

BONUS COMBINATION 2 (351 LINES)

These combinations have given a minimum of three numbers in 6/49 lotto draws when checked against past lottery results. This pattern can be expected to continue into the foreseeable future every time a 6/49 lottery is drawn in any country in the world.

Here are some lucky bonus combinations.

D1	D2	D3	D4	D5	D6
1	20	22	23	26	49
1	21	23	24	27	48
1	22	24	25	28	47
1	23	25	26	29	46
1	24	26	27	30	45
1	25	27	28	31	44
1	26	28	29	32	43
1	27	29	30	33	42
1	28	30	31	34	41
1	29	31	32	35	40
1	30	32	33	36	39
1	31	33	34	37	38

1	32	34	35	36	37
1	32	33	34	35	36
1	32	33	34	35	37
2	19	21	22	25	49
2	20	22	23	26	48
2	21	23	24	27	47
2	22	24	25	28	46
2	23	25	26	29	45
2	24	26	27	30	44
2	25	27	28	31	43
2	26	28	29	32	42
2	27	29	30	33	41
2	28	30	31	34	40
2	29	31	32	35	39
2	30	32	33	36	38
2	29	31	32	35	37
2	28	30	31	34	36
2	27	29	30	33	35
3	18	20	21	24	49
3	19	21	22	25	48
3	20	22	23	26	47
3	21	23	24	27	46
3	22	24	25	28	45
3	23	25	26	29	44
3	24	26	27	30	43
3	25	27	28	31	42
3	26	28	29	32	41
3	27	29	30	33	40
3	28	30	31	34	39
3	29	31	32	35	38
3	30	32	33	36	37

3	29	31	32	35	36
3	28	30	31	34	35
3	27	29	30	33	34
4	17	19	20	23	49
4	18	20	21	24	48
4	19	21	22	25	47
4	20	22	23	26	46
4	21	23	24	27	45
4	22	24	25	28	44
4	23	25	26	29	43
4	24	26	27	30	42
4	25	27	28	31	41
4	26	28	29	32	40
4	27	29	30	33	39
4	28	30	31	34	38
4	29	31	32	35	37
4	28	30	31	34	36
4	27	29	30	33	35
4	26	28	29	32	34
5	16	18	19	22	49
5	17	19	20	23	48
5	18	20	21	24	47
5	19	21	22	25	46
5	20	22	23	26	45
5	21	23	24	27	44
5	22	24	25	28	43
5	23	25	26	29	42
5	24	26	27	30	41
5	25	27	28	31	40
5	26	28	29	32	39
5	27	29	30	33	38

5	28	30	31	34	37
5	29	31	32	35	36
5	28	30	31	34	35
5	27	29	30	33	34
5	26	28	29	32	33
6	15	17	18	21	49
6	16	18	19	22	48
6	17	19	20	23	47
6	18	20	21	24	46
6	19	21	22	25	45
6	20	22	23	26	44
6	21	23	24	27	43
6	22	24	25	28	42
6	23	25	26	29	41
6	24	26	27	30	40
6	25	27	28	31	39
6	26	28	29	32	38
6	27	29	30	33	37
6	28	30	31	34	36
6	27	29	30	33	35
6	26	28	29	32	34
6	25	27	28	31	33
7	14	16	17	20	49
7	15	17	18	21	48
7	16	18	19	22	47
7	17	19	20	23	46
7	18	20	21	24	45
7	19	21	22	25	44
7	20	22	23	26	43
7	21	23	24	27	42
7	22	24	25	28	41

7	23	25	26	29	40
7	24	26	27	30	39
7	25	27	28	31	38
7	26	28	29	32	37
7	27	29	30	33	36
7	28	30	31	34	35
7	27	29	30	33	34
7	26	28	29	32	33
7	21	25	27	28	32
8	13	15	16	19	49
8	14	16	17	20	48
8	15	17	18	21	47
8	16	18	19	22	46
8	17	19	20	23	45
8	18	20	21	24	44
8	19	21	22	25	43
8	20	22	23	26	42
8	21	23	24	27	41
8	22	24	25	28	40
8	23	25	26	29	39
8	24	26	27	30	38
8	25	27	28	31	37
8	26	28	29	32	36
8	27	29	30	33	35
8	26	28	29	32	34
8	25	27	28	31	33
8	24	26	27	30	32
9	12	14	15	18	49
9	13	15	16	19	48
9	14	16	17	20	47
9	15	17	18	21	46

9	16	18	19	22	45
9	17	19	20	23	44
9	18	20	21	24	43
9	19	21	22	25	42
9	20	22	23	26	41
9	21	23	24	27	40
9	22	24	25	28	39
9	23	25	26	29	38
9	24	26	27	30	37
9	25	27	28	31	36
9	26	28	29	32	35
9	27	29	30	33	34
9	26	28	29	32	33
9	25	27	28	31	32
9	24	26	27	30	31
10	11	13	14	17	49
10	12	14	15	18	48
10	13	15	16	19	47
10	14	16	17	20	46
10	15	17	18	21	45
10	16	18	19	22	44
10	17	19	20	23	43
10	18	20	21	24	42
10	19	21	22	25	41
10	20	22	23	26	40
10	21	23	24	27	39
10	22	24	25	28	38
10	23	25	26	29	37
10	24	26	27	30	36
10	25	27	28	31	35
10	26	28	29	32	34

10	25	27	28	31	33
10	24	26	27	30	32
10	23	25	26	29	31
11	12	13	16	47	49
11	13	14	17	46	48
11	14	15	18	45	47
11	15	16	19	44	46
11	16	17	20	43	45
11	17	18	21	42	44
11	18	19	22	41	43
11	19	20	23	40	42
11	20	21	24	39	41
11	21	22	25	38	40
11	22	23	26	37	39
11	23	24	27	36	38
11	24	25	28	35	37
11	25	26	29	34	36
11	26	27	30	33	35
11	27	28	31	32	34
11	28	29	31	32	33
11	28	29	30	32	33
12	13	15	45	47	48
12	13	15	45	47	49
12	13	15	45	48	49
12	14	16	44	46	47
12	14	16	44	46	48
12	14	16	44	47	48
12	15	17	43	45	46
12	15	17	43	45	47
12	15	17	43	46	47
12	16	18	42	44	45

12	16	18	42	44	46
12	16	18	42	45	46
12	17	19	41	43	44
12	17	19	41	43	45
12	17	19	41	44	45
12	18	20	40	42	43
12	18	20	40	42	44
12	18	20	40	43	44
12	19	21	39	41	42
12	19	21	39	41	43
12	19	21	39	42	43
12	20	22	38	40	41
12	20	22	38	40	42
12	20	22	38	41	42
12	21	23	37	39	40
12	21	23	37	39	41
12	21	23	37	40	41
12	22	24	36	38	39
12	22	24	36	38	40
12	22	24	36	39	40
12	23	25	35	37	38
12	23	25	35	37	39
12	23	25	35	38	39
12	24	26	34	36	37
12	24	26	34	36	38
12	24	26	34	37	38
12	25	27	33	35	36
12	25	27	33	35	37
12	25	27	33	36	37
12	26	28	32	34	35
12	26	28	32	34	36

12	26	28	32	35	36
12	27	29	31	33	34
12	27	29	31	33	35
12	27	29	31	34	35
12	28	30	32	33	34
12	29	31	32	33	34
12	30	31	34	35	36
12	31	33	34	35	36
13	14	43	45	46	49
13	15	42	44	45	48
13	16	41	43	44	47
13	17	40	42	43	46
13	18	39	41	42	45
13	19	38	40	41	44
13	20	37	39	40	43
13	21	36	38	39	42
13	22	35	37	38	41
13	23	34	36	37	40
13	24	33	35	36	39
13	25	32	34	35	38
13	26	31	33	34	37
13	27	30	32	33	36
13	28	29	31	32	35
13	28	29	30	31	34
13	28	29	30	31	33
13	28	29	30	31	32
14	15	41	43	44	47
14	16	40	42	43	46
14	17	39	41	42	45
14	18	38	40	41	44
14	19	37	39	40	43

14	20	36	38	39	42
14	21	35	37	38	41
14	22	34	36	37	40
14	23	33	35	36	39
14	24	32	34	35	38
14	25	31	33	34	37
14	26	30	32	33	36
14	27	29	31	32	35
14	28	29	30	31	34
14	27	29	30	31	33
14	27	29	30	31	32
15	16	39	41	42	45
15	17	38	40	41	44
15	18	37	39	40	43
15	19	36	38	39	42
15	20	35	37	38	41
15	21	34	36	37	40
15	22	33	35	36	39
15	23	32	34	35	38
15	24	31	33	34	37
15	25	30	32	33	36
15	26	29	31	32	35
15	27	28	30	31	34
15	27	28	29	30	33
15	27	28	29	30	32
15	27	28	29	30	31
16	17	37	39	40	43
16	18	36	38	39	42
16	19	35	37	38	41
16	20	34	36	37	40
16	21	33	35	36	39

16	22	32	34	35	38
16	23	31	33	34	37
16	24	30	32	33	36
16	25	29	31	32	35
16	26	28	30	31	34
16	27	28	29	30	33
16	27	28	29	30	32
16	27	28	29	30	31
17	18	35	37	38	41
17	19	34	36	37	40
17	20	33	35	36	39
17	21	32	34	35	38
17	22	31	33	34	37
17	23	30	32	33	36
17	24	29	31	32	35
17	25	28	30	31	34
17	26	27	29	30	33
17	26	27	28	29	32
17	26	27	28	29	31
17	26	27	28	29	30
18	19	33	35	36	39
18	20	32	34	35	38
18	21	31	33	34	37
18	22	30	32	33	36
18	23	29	31	32	35
18	24	28	30	31	34
18	25	27	29	30	33
18	26	27	28	29	32
18	26	27	28	29	31
18	26	27	28	29	30
19	20	31	33	34	37

19	21	30	32	33	36
19	22	29	31	32	35
19	23	28	30	31	34
19	24	27	29	30	33
19	25	26	28	29	32
19	25	26	27	28	31
19	25	26	27	28	30
19	25	26	27	28	29
20	21	29	31	32	35
20	22	28	30	31	34
20	23	27	29	30	33
20	24	26	28	29	32
20	24	26	27	28	31
20	24	26	27	28	30
20	24	26	27	28	29
21	22	27	29	30	33
21	23	26	28	29	32
21	24	25	27	28	31
21	23	25	26	27	30
21	23	25	26	27	29
21	23	25	26	27	28
22	23	25	27	28	31
22	24	25	26	27	30
22	23	24	25	26	29
22	23	24	25	26	28
23	24	25	26	27	29
23	24	25	26	27	28
23	24	25	26	27	30
24	25	27	28	29	30

BONUS COMBINATIONS 3 (FORTY-FOUR LINES)

In 6/49 lottery draws, you will win forty-one three-number combinations minimum each time the following three individual number combinations comes out. They are:

1, 2, 48

1, 2, 49

1, 3, 48

1, 3, 49

2, 3, 48

2, 3, 49

1, 48, 49

2, 48, 49

3, 48, 49

1, 2, 3

Here are some lucky bonus combinations.

D1	D2	D3	D4	D5	D6
1	2	3	4	48	49
1	2	3	5	48	49
1	2	3	6	48	49
1	2	3	7	48	49
1	2	3	8	48	49
1	2	3	9	48	49
1	2	3	10	48	49
1	2	3	11	48	49
1	2	3	12	48	49
1	2	3	13	48	49
1	2	3	14	48	49
1	2	3	15	48	49
1	2	3	16	48	49
1	2	3	17	48	49
1	2	3	18	48	49
1	2	3	19	48	49
1	2	3	20	48	49
1	2	3	21	48	49
1	2	3	22	48	49
1	2	3	23	48	49
1	2	3	24	48	49
1	2	3	25	48	49
1	2	3	26	48	49
1	2	3	27	48	49
1	2	3	28	48	49
1	2	3	29	48	49
1	2	3	30	48	49
1	2	3	31	48	49

1	2	3	32	48	49
1	2	3	33	48	49
1	2	3	34	48	49
1	2	3	35	48	49
1	2	3	36	48	49
1	2	3	37	48	49
1	2	3	38	48	49
1	2	3	39	48	49
1	2	3	40	48	49
1	2	3	41	48	49
1	2	3	42	48	49
1	2	3	43	48	49
1	2	3	44	48	49
1	2	3	45	48	49
1	2	3	46	48	49
1	2	3	47	48	49

BONUS COMBINATION 4
(THIRTY-FIVE LINES)

In 5/39 lottery draws like the Thunderball in the UK, you will win a minimum of thirty-three three-number combinations every time each of the following three number combinations comes out. They are:

1, 2, 38

1, 2, 39

1, 38, 39

2, 38, 39

Here are some lucky bonus combinations.

D1	D2	D3	D4	D5
1	2	3	38	39
1	2	4	38	39
1	2	5	38	39
1	2	6	38	39
1	2	7	38	39

1	2	8	38	39
1	2	9	38	39
1	2	10	38	39
1	2	11	38	39
1	2	12	38	39
1	2	13	38	39
1	2	14	38	39
1	2	15	38	39
1	2	16	38	39
1	2	17	38	39
1	2	18	38	39
1	2	19	38	39
1	2	20	38	39
1	2	21	38	39
1	2	22	38	39
1	2	23	38	39
1	2	24	38	39
1	2	25	38	39
1	2	26	38	39
1	2	27	38	39
1	2	28	38	39
1	2	29	38	39
1	2	30	38	39
1	2	31	38	39
1	2	32	38	39
1	2	33	38	39
1	2	34	38	39
1	2	35	38	39
1	2	36	38	39
1	2	37	38	39

BONUS COMBINATION 5 (FORTY-THREE LINES)

In 5/47 lotteries like Set for Life in the UK, you will win forty-one three-number combinations every time each of the following three number combinations comes out. They are:

1, 2, 46

1, 2, 47

1, 46, 47

2, 46, 47

Here are some lucky bonus combinations.

D1	D2	D3	D4	D5
1	2	3	46	47
1	2	4	46	47
1	2	5	46	47
1	2	6	46	47
1	2	7	46	47
1	2	8	46	47

1	2	9	46	47
1	2	10	46	47
1	2	11	46	47
1	2	12	46	47
1	2	13	46	47
1	2	14	46	47
1	2	15	46	47
1	2	16	46	47
1	2	17	46	47
1	2	18	46	47
1	2	19	46	47
1	2	20	46	47
1	2	21	46	47
1	2	22	46	47
1	2	23	46	47
1	2	24	46	47
1	2	25	46	47
1	2	26	46	47
1	2	27	46	47
1	2	28	46	47
1	2	29	46	47
1	2	30	46	47
1	2	31	46	47
1	2	32	46	47
1	2	33	46	47
1	2	34	46	47
1	2	35	46	47
1	2	36	46	47
1	2	37	46	47
1	2	38	46	47
1	2	39	46	47

1	2	40	46	47
1	2	41	46	47
1	2	42	46	47
1	2	43	46	47
1	2	44	46	47
1	2	45	46	47

BONUS COMBINATION 6 (FORTY-SIX LINES)

In 5/50 lotteries like the EuroMillions, you will win a minimum of forty-four three-number combinations every time each of the following three number combinations comes out. They are:

1, 2, 49

1, 2, 50,

1, 49, 50

2, 49, 50

Here are some lucky bonus combinations.

D1	D2	D3	D4	D5
1	2	3	49	50
1	2	4	49	50
1	2	5	49	50
1	2	6	49	50
1	2	7	49	50
1	2	8	49	50

1	2	9	49	50
1	2	10	49	50
1	2	11	49	50
1	2	12	49	50
1	2	13	49	50
1	2	14	49	50
1	2	15	49	50
1	2	16	49	50
1	2	17	49	50
1	2	18	49	50
1	2	19	49	50
1	2	20	49	50
1	2	21	49	50
1	2	22	49	50
1	2	23	49	50
1	2	24	49	50
1	2	25	49	50
1	2	26	49	50
1	2	27	49	50
1	2	28	49	50
1	2	29	49	50
1	2	30	49	50
1	2	31	49	50
1	2	32	49	50
1	2	33	49	50
1	2	34	49	50
1	2	35	49	50
1	2	36	49	50
1	2	37	49	50
1	2	38	49	50
1	2	39	49	50

1	2	40	49	50
1	2	41	49	50
1	2	42	49	50
1	2	43	49	50
1	2	44	49	50
1	2	45	49	50
1	2	46	49	50
1	2	47	49	50
1	2	48	49	50

BONUS COMBINATION 7 (FIFTY LINES)

This combination has been researched and calculated based on 6/49 lotteries around the world. It focuses on numbers 31 up to 49. The result is that every time six-number combinations are drawn from 31 to 49, your chances of winning the jackpot increase astronomically.

Here are some lucky bonus combinations.

D1	D2	D3	D4	D5	D6
31	45	46	47	48	49
32	44	46	47	48	49
33	43	46	47	48	49
33	44	45	47	48	49
34	42	46	47	48	49
34	43	45	47	48	49
35	41	46	47	48	49
35	42	45	47	48	49
35	43	44	47	48	49
36	40	46	47	48	49

36	41	45	47	48	49
36	42	44	47	48	49
37	39	46	47	48	49
37	40	45	47	48	49
37	41	44	47	48	49
37	42	43	47	48	49
38	39	45	47	48	49
38	40	44	47	48	49
38	41	43	47	48	49
39	40	43	47	48	49
39	41	42	47	48	49
34	44	45	46	48	49
35	43	45	46	48	49
36	42	45	46	48	49
36	43	44	46	48	49
37	41	45	46	48	49
37	42	44	46	48	49
38	40	45	46	48	49
38	41	44	46	48	49
38	42	43	46	48	49
39	40	44	46	48	49
39	41	43	46	48	49
40	41	42	46	48	49
35	44	45	46	47	49
36	43	45	46	47	49
37	42	45	46	47	49
37	43	44	46	47	49
38	42	44	46	47	49
39	42	43	46	47	49
39	41	44	46	47	49
41	42	43	45	47	48

40	41	43	46	47	49
36	44	45	46	47	48
37	43	45	46	47	48
38	42	45	46	47	48
38	43	44	46	47	48
39	41	45	46	47	48
39	42	44	46	47	48
40	41	44	46	47	48
40	42	43	46	47	48

CONCLUSION

Now that you have seen the combinations in this book, are you ready to believe that you have a good chance of winning big in the lottery? The combinations in this book are based on numbers 48 and 49 coming out together. Observing these combinations until 48 and 49 come out together will let you know whether each combination will come out over time.

I believe that it is better to be proactive and choose your combination from this book and to start believing in making your own destiny. The combinations in this book are based on years of in-depth research to maximise the chances of winning big in the UK Lottery, the EuroMillions Lottery, or the 6/49 Lottery systems, as well as other major lottery systems around the world. You can adapt these five-number combinations to four- or six-number combinations to further maximise your chances of winning.

I have included various bonus combinations which can be used to play other lottery systems in the UK and around the world.

I believe that this book will augment further studies of lottery systems around the world by lottery enthusiasts and academic institutions. One question that comes up again and again is: Is it possible to select a combination of numbers and know for sure that the combination you have chosen is more likely to bring you financial freedom?

The predictions in this book will continue to be relevant to future lottery results all over the world for the foreseeable future.

www.ingramcontent.com/pod-product-compliance
Lightning Source LLC
Chambersburg PA
CBHW031542210526
45464CB00003B/1112